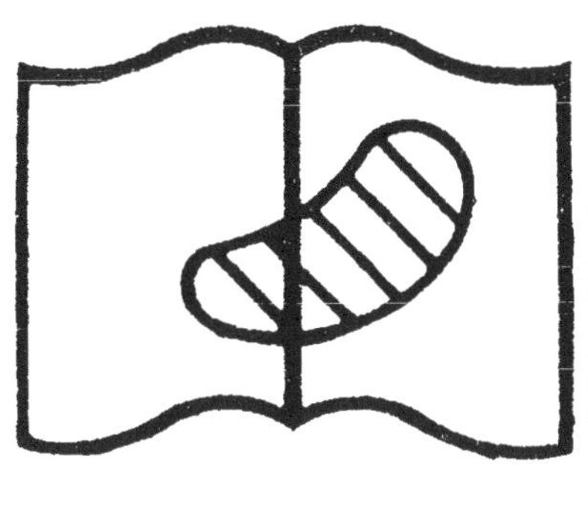

Illisibilité partielle

Couvertures supérieure et inférieure manquantes

VALABLE POUR TOUT OU PARTIE DU DOCUMENT REPRODUIT.

LES MINES

PROCÉDÉS D'EXPLOITATION

74

LES MINES

PROCÉDÉS D'EXPLOITATION

Les minéraux, gisant dans les entrailles de la terre sous des formes très différentes : en couches, en filons et en amas dont les situations, directions, épaisseurs et richesses varient à l'infini et sont en quelque sorte particulières pour chaque mine, il s'ensuit que les procédés de l'exploitation souterraine, qui a pour objet de les mettre en valeur, sont aussi variables que la disposition et l'importance des gîtes, mais tous comportent le forage des puits verticaux ou inclinés, et le percement de galeries, soit d'allongement soit à travers bancs.

Ainsi, un gîte qui affleure à la surface peut être attaqué : soit par la crête, en pénétrant dans sa masse par un puits incliné qui en suit les inflexions; soit plus profondément à l'aide d'un puits vertical et d'une galerie d'allongement, à laquelle on donne presque toujours une parallèle, un peu plus bas.

Si le gîte est placé en plaine à une certaine profondeur, il n'y a qu'un moyen de l'atteindre, le puits vertical et les galeries.

Les travaux ayant presque toujours été commencés pour la recherche du gîte, il n'y a plus qu'à les continuer en les perfectionnant et à les multiplier autant que la surface exploitable l'exige, de façon à se procurer les voies nécessaires non seulement à l'abatage, mais encore à l'aérage, à l'asséchement et au roulage.

Ces principes généraux sont appliqués de différentes façons, selon la puissance et l'allure des gîtes, d'où les méthodes diverses dont nous allons parler et qui se réduisent à ceci :

Pour les gîtes d'une puissance inférieure à trois mètres et dont l'inclinaison varie entre la ligne verticale et 45 degrés : par gradins droits, par gradins renversés et par dépilages.

Pour les couches de moins de trois mètres de puissance et dont l'inclinaison est entre 45 degrés et la ligne horizontale : par gradins couchés, par grandes tailles, par galeries et piliers, par massifs longs et par massifs courts.

Pour les couches supérieures à trois mètres de puissance, quelle que soit d'ailleurs leur inclinaison : par ouvrages en travers, par galeries et piliers, par éboulements et par remblais.

EXPLOITATION PAR GRADINS DROITS

La méthode par gradins droits, adoptée dans beaucoup de cas pour l'exploitation des gîtes métallifères, n'est point employée dans les mines de houille, par la raison que les ouvriers placés sur le minerai même pour l'abatage et le transport, altéreraient sa qualité d'une manière notable et rendraient impossible le triage intérieur, qui a pour but d'économiser la main-d'œuvre en ne montant à l'orifice que des matières utiles.

On commence d'abord par diviser le gîte en massifs réguliers, au moyen de galeries qui se croisent à angle droit et qu'on allongera au fur et à mesure de l'avancement des travaux.

Chacun de ces massifs est ensuite divisé en parallélépipèdes, de 2 mètres de hauteur sur 4 mètres de longueur, qui sont successivement abattus en commençant par l'un des angles du haut, de façon à donner à l'ensemble de l'atelier la disposition d'un escalier.

L'opération s'explique d'elle même : pour la mener à

bonne fin, on fait avancer plusieurs ouvriers ensemble en les faisant commencer à des intervalles différents, mais calculés de façon que le premier placé en haut, ait le temps de prendre une certaine avance avant que le second entame un gradin immédiatement inférieur, et ainsi de suite pour les autres, qui ont tous, du reste, à leur droite, à leur gauche, le mur et le toit de gisement.

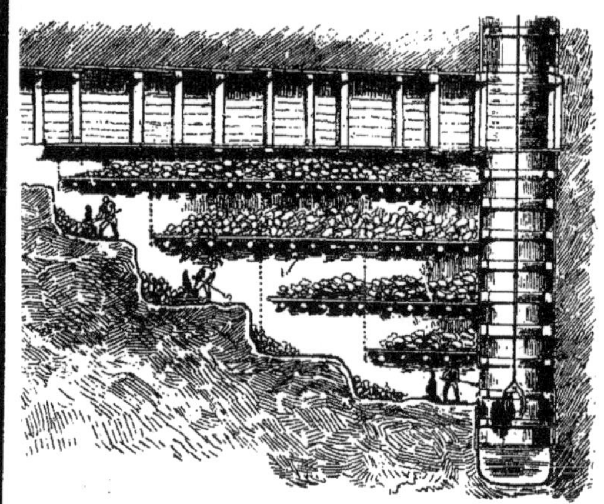

A mesure que l'abatage avance, on boise le vide, qui en est la conséquence, avec des étais appuyés du toit au mur et qui sont solidement calés, au moyen de coins, dans les entailles pratiquées pour cela dans la roche.

Sur ces traverses on pose des planchers, et c'est sur ces planchers que les ouvriers jettent le minerai au fur et à mesure de son extraction et qu'ils lui font subir, à la main et au marteau, un premier triage pour débarrasser les matières utiles de la plus grande partie des gangues.

Ces gangues sont mises de côté pour former le remblai qui soutiendra les parois de l'excavation que l'on pousse quelquefois assez avant, et à travers laquelle on ménage, s'il est nécessaire, une voie de roulage pour porter les déblais utiles à l'extrémité du gradin.

Le minerait trié, est alors jeté de gradin en gradin, jusqu'au dernier, qui communique avec le puits par lequel il sera monté à l'orifice.

Ce système a son côté économique : l'avantage de ne point nécessiter de galerie inférieure aux derniers massifs exploités, mais il a aussi des inconvénients, le transport du minerai, de gradin en gradin, qui multiplie le travail du treuil de montage, et, ce qui est plus grave, quand il s'agit de minerais précieux, la difficulté du triage à cause du piétinement continuel des ouvriers sur les planchers.

Aussi, dans beaucoup d'exploitations lui préfère-t-on la méthode par gradins renversés.

EXPLOITATION PAR GRADINS RENVERSÉS

Cette méthode part du même principe que la précédente; seulement, au lieu de donner au chantier la disposition d'un dessus d'escalier, on lui donne celle du dessous.

Les gradins sont de même dimension; seulement, au lieu de servir de planchers aux ouvriers, il surplombent sur leur tête, ce qui leur donne peut-être plus de fatigue, mais facilite singulièrement l'abatage et diminue de beaucoup la dépense du boisage, car il n'en faut plus que pour construire les planchers volants sur lesquels se tiennent les mineurs, lorsque les déblais ne sont pas encore suffisants pour qu'ils soient, en montant dessus, au niveau du front d'attaque.

Les matières abattues tombent naturellement sur le plan incliné, formé par le remblai, et glissent, une fois triées, jusque dans la galerie, où on les charge sur des wagonnets pour les conduire aux bennes.

S'il s'agit d'un minerai précieux, on en facilite le premier triage, en étendant sur les déblais une toile ou un plancher provisoire, qui reçoivent les produits de l'abatage et empêchent les plus petits fragments de se perdre dans les gangues.

Cette méthode est employée dans certaines houillères avec quelques modifications.

Ainsi, on donne aux gradins jusqu'à 10 et 14 mètres de front, ce qui facilite l'abatage en grands morceaux, à moins pourtant que la houille exploitée ne laisse dégager une grande quantité de grisou, auquel cas il faut faire les gradins plus petits, l'air circulant d'autant mieux que l'excavation est moins grande.

Chaque massif doit être isolé entre deux galeries horizontales traversées par les puits d'extraction, de façon que la supérieure serve de voie d'aérage, et l'inférieure de voie de roulage; on y installe à cet effet un petit chemin de fer avec rails et croisements à plaques tournantes, si comme il arrive presque toujours, cette voie doit se relier avec celles des autres galeries de la mine.

Le massif ainsi isolé, on découpe les gradins, de façon à donner au profil de la taille la forme qu'il doit conserver en avançant, car l'exploitation, une fois organisée, peut être poussée en direction jusqu'à cinq cents et même mille mètres, si l'on ne rencontre pas dans la couche d'accidents qui viennent arrêter le travail.

La taille est sectionnée par fronts de 3 à 4 mètres dont chacun est confié à un ouvrier, et elles sont calculées de façon que sans quitter son poste de travail, chaque homme puisse avancer d'un mètre.

Ce travail se compose, de deux actions distinctes : le *havage*, c'est-à-dire le creusement d'entailles parallèles à la stratification, qui permettent d'abattre la houille par grandes masses et l'*abatage*, qui n'a pas besoin d'explication.

Généralement ce sont les même ouvriers qui havent, abattent et boisent leurs chantiers. On leur adjoint, quand on veut accélérer le travail, des *benteurs* et des *serveurs* qui déblayent le charbon abattu et amènent les bois qui doivent servir au soutènement de la partie supérieure de la couche.

De plus, dans toutes les exploitations bien entendues, il y a aussi des *remblayeurs* et des *reculeurs*, qui font le travail en arrière du chantier, c'est-à-dire remblayent, soit par le tassement des matériaux, soit par la construction de murs en pierre sèche, les parties exploitées en ménageant dans leur travail, des galeries pratiquées d'après le tracé général de l'exploitation.

Il va de soi qu'en même temps que le massif se creuse, les galeries qui le desservent se prolongent, il faut donc dans chacune de ces galeries d'autres travailleurs qui prennent les noms de bosseyeurs, ou de coupeurs de murs, selon qu'ils sont employés au boisage, à la confection des voies ou à la construction des murs latéraux, qu'ils élèvent généralement avec les pierres les plus grosses que peut leur fournir l'atelier.

On conçoit, du reste, que la grande question de sécurité est le soutènement complet du terrain.

Malheureusement, les matières inutiles, surabondantes dans les couches pauvres, ne fournissent plus, sitôt que la puissance de la couche dépasse $1^m,25$ de déblais suffisants pour remplir les excavations.

Dans ce cas, alors, on abandonne le système des gradins renversés pour employer le dépilage.

EXPLOITATION PAR DÉPILAGE

La méthode par dépilage est spéciale aux mines de houille : son principe est de pousser à partir du puits ou de la galerie à travers bancs qui traversent la couche, des galeries de toute sa hauteur, que l'on remblaye ou non derrière soi, mais dans lesquelles alors on laisse subsister, pour soutenir le toit, des massifs formant piliers, que l'on peut abattre plus tard soit en totalité, soit en partie.

Nous citerons comme exemple de cette méthode le procédé qu'on a employé à Blanzy, et que notre dessin ci-contre fera mieux comprendre.

On a d'abord creusé un puits qui coupe la couche exploitable, au point D en deux parties à peu près égales, l'une remontant à droite vers le sol, l'autre s'enfonçant à gauche.

Puis, partant de ce point D, on a percé à des distances égales des galeries parallèles qu'on a prolongées jusqu'à ce qu'elles rencontrent la couche aux points A, B, C, E, F, G.

Le gisement se trouvait donc ainsi divisé en huit chantiers qu'il n'y avait plus qu'à exploiter, ce qu'on a fait en coupant les massifs, par prismes d'environ 40 mètres de longueur au moyen de galeries montant entre le toit et le mur, selon l'inclinaison de la couche et réunissant entre elles les galeries transversales.

La partie supérieure à G exploitée, on a attaqué le massif G. F, en construisant au milieu un montage qui le coupe en deux parties égales et en élevant en F, un mur destiné à soutenir les déblais provenant de l'exploitation du tronçon supérieur.

On a ensuite divisé chaque moitié du massif par trois petites galeries d'allongement qui l'ont partagé en quatre sections prismatiques; lesquelles ont été attaquées successivement à partir du haut et débitées en rectangles d'environ 4 mètres sur 2, qui s'écoulaient par la petite galerie immédiatement inférieure, et l'on a procédé ainsi jusqu'à ce qu'on ait atteint la galerie F, recommençant l'opération à chaque massif à exploiter.

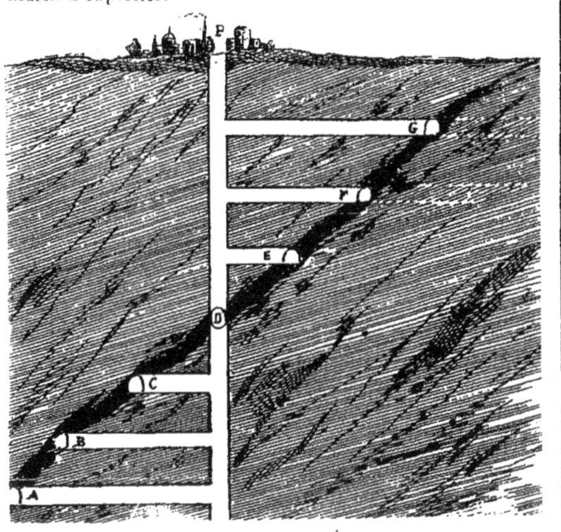

Exploitation par dépilage. — Procédé de Blanzy.

Cette division du travail, indispensable lorsque le terrain est ébouleux, permet de n'avoir à supporter à la fois qu'une petite partie du toit et économise considérablement les frais d'échafaudage, car on retire les bois au fur et à mesure que les remblais descendent et le toit ne s'affaisse que peu à peu.

Dans des terrains plus solides on exploite en dépilages par des tailles ayant jusqu'à cinq à six mètres de front, mais le procédé est le même, excellent d'ailleurs à la condition que les couches aient plus de 35 degrés d'inclinaison ce qui permet aux charbons de descendre d'eux-mêmes de la taille vers la galerie du fond.

Mais si les couches sont moins inclinées il faut les exploiter autrement : soit par gradins couchés, soit par grandes tailles, soit par galeries et piliers.

Exploitation par gradins couchés. — Travail à col tordu.

EXPLOITATION PAR GRADINS COUCHÉS

La méthode par gradins couchés ne diffère de celle par gradins renversés, qu'en raison du peu d'inclinaison du gîte, puisque les gradins, effectués d'ailleurs de la même façon, se trouvent couchés suivant l'allure de la masse minérale, et les ouvriers, au lieu de s'appuyer sur les remblais ou sur des planchers volants, marchent sur le mur du gîte ayant devant eux les gradins; auxquels on donne généralement quatre mètres sur chaque face, mais qui n'ont que la hauteur de la couche, ce qui rend le travail très difficile quand les couches sont peu inclinés, l'ouvrier étant souvent obligé de se tenir à genoux, quelquefois même de se coucher sur le côté ; c'est ce qu'ils appellent « travailler à col tordu ».

Exploitation par dépilage.

Ce procédé, applicable aussi bien pour les couches métallifères que carbonifères, est assez généralement employé dans les houillères du Nord pour les gisements minces, mais il n'est plus économique quand la puissance des couches dépasse $1^m,50$, à moins pourtant qu'après triage fait, elles fournissent assez de gangues pour remblayer les vides.

Dans les couches moins fortes (un mètre au plus), on fait ordinairement les havages au mur, et l'on installe le toit pour y enfoncer des coins, de façon à faire tomber d'un coup toute l'épaisseur de la couche, après quoi l'on boise en arrière, mais non d'une façon définitive, car on enlève les étais sitôt que l'abatage a fourni assez de déblais pour les remplacer.

Si les déblais sont insuffisants, on les répartit également dans la partie à combler et l'on n'enlève qu'une partie des bois pour que l'éboulement du toit se fasse partiellement, et, en tout cas, lorsque le chantier d'attaque a beaucoup d'avance.

Du reste, ce n'est qu'un en-cas, car on peut économiser les remblais en ouvrant vis-à-vis les gradins, des galeries de roulage qui suivent : soit la direction de la couche, soit une ligne intermédiaire entre la direction et l'inclinaison.

Il faut d'ailleurs faire la part des nécessités locales, car presque toujours les théories viennent se modifier devant les exigences de la pratique.

EXPLOITATION PAR GRANDES TAILLES

Le procédé par grandes tailles n'est pas applicable partout, il faut d'abord que la couche à exploiter ait plus de $1^m,50$ d'épaisseur pour que la galerie à travers bancs puisse être percée sans attaquer ni le toit, ni le mur.

Il faut ensuite que les roches soient assez tendres pour être facilement travaillées au pic; ce qui en limite beaucoup l'usage et le réduit presque exclusivement aux houillères.

C'est par ce procédé qu'on exploite à Sarrebrück des couches carbonifères de $1^m,60$ à 2 mètres de puissance sur un front de 45 mètres.

Le front, d'ailleurs, n'a d'autres limites que celles de la couche et le nombre d'ouvriers qu'on emploie, puisqu'ils marchent tous sur une même ligne en attaquant d'ensemble le massif.

Si le chantier dépasse 50 mètres de développement, on en est quitte pour ménager entre les déblais plusieurs galeries secondaires pour porter les produits de l'abatage jusqu'à la galerie de roulage.

Voici, d'ailleurs, en quoi consiste le travail : La couche est divisée en grands massifs par de grandes galeries rectangulaires qui sont consolidées des deux côtés par d'épaisses murailles en déblais, de sorte que si les matériaux manquaient pour le soutènement complet du sol, les galeries seraient du moins préservées de l'éboulement.

Les ouvriers, placés en ligne devant les massifs, isolent de grands prismes de roche, en creusant profondément une entaille horizontale dans le sens même de la couche, de deux entailles verticales parallèles du mur au toit, puis ils abattent par le mortaisage comme dans les carrières, mais bien plus facilement puisqu'il s'agit de matières tendres.

Au fur et à mesure qu'ils avancent, on boise et on remblaye en arrière, en ménageant à travers les déblais, une voie pour aboutir au puits d'extraction, où sont charroyés les minerais utiles.

Ce système, le plus rapide que l'on connaisse, et qui est aussi celui qui permet le mieux la concentration des ateliers, et partant une grande économie de surveillance, est malheureusement impossible dans les houillères où le grisou se dégage, car quel que soit le courant d'air que l'on maintienne sur le front de taille, on ne peut espérer combattre victorieusement les gaz délétères qui sont l'ennemi mortel des mineurs.

Mais on a en main d'autres procédés, notamment les massifs longs et les massifs courts.

EXPLOITATION PAR MASSIFS LONGS

Cette méthode consiste à creuser dans la couche un certain nombre de galeries ou tailles, de 8 à 12 mètres de front, tracées parallèlement et séparées par d'épais massifs, auxquels on laisse, selon les localités, de 4 à 8 mètres d'épaisseur et qui se prolongent sur toute leur étendue.

Ces tailles, poussées simultanément, sont indépendantes les unes des autres, ce qui est très avantageux en cas de grisou et permet en cas de combustion spontanée ou accidentelle, d'isoler complètement les ateliers et de localiser l'incendie; car, pour plus de sécurité, elles sont séparées de la voie de roulage, par un mur solide de déblais.

Lorsque les tailles sont poussées aussi loin que possible du puits d'extraction, ou lorsque la couche est épuisée, on abat les piliers en commençant par les plus éloignés, en procédant alors par dépilages, à moins cependant que le toit ne soit pas assez solide pour permettre ce système.

Dans ce cas, on laisse de distance en distance des massifs carrés qui serviront de piliers et qu'on abandonne dans la mine.

Cette méthode est généralement employée dans le bassin houiller de Liège, et pourtant le déblai manque dans ces exploitations, on y supplée par l'emploi de menus bien tassés entre des murs de déblais et, comme ces menus pourraient entrer en combustion, on les isole du contact de l'air par un fort enduit d'argile.

EXPLOITATION PAR MASSIFS COURTS

La méthode par massifs courts est en principe la même que la précédente, à cette différence près que les massifs longitudinaux qui séparent les tailles sont coupés de distance en distance par prismes rectangulaires de 20 à 25 mètres de longueur sur 10 de large, quitte à diminuer ensuite ces piliers lorsqu'on procède au dépilage.

L'opération de la taille doit être plus soignée, les galeries d'extraction doivent être boisées comme des galeries définitives afin d'offrir aux ouvriers une retraite assurée, lorsque arrivés à l'extrémité de l'exploitation ils commencent le dépilage.

Il est d'usage de laisser les piliers très forts pour qu'ils puissent soutenir le toit sans grand effort, autrement ils subissent un écrasement partiel et le dépilage ne produit plus que des menus sans valeur.

Naturellement on enlève tout ou partie de ces piliers, comme dans le système précédent et même en laissant écrouler, derrière soi, les parties exploitées, mais le risque à courir ne vaut pas le bénéfice à réaliser d'un dépilage complet, car on n'emploie cette méthode que pour l'exploitation des combustibles de peu de valeur.

EXPLOITATION PAR GALERIES ET PILIERS

La méthode par galeries et piliers est la même que la précédente; seulement au lieu de procéder provisoirement, on procède définitivement, il est vrai qu'elle n'est employée que dans les mines où l'on ne trouve que peu ou point de déblais et où le minerai n'est pas d'une grande valeur, c'est le cas des matières rocheuses comme le grès, le calcaire, le plâtre, le gypse, l'ardoise et certains gisements de fer peu abondants.

En effet, pour des minerais d'un prix élevé, à moins que le gîte ne soit d'une puissance exceptionnelle, les piliers abandonnés constitueraient une perte considérable.

Car les piliers sont nombreux; ainsi on perce dans le massif autant de galeries parallèles et larges de 3 mètres qu'il contient de fois 8 mètres, le pilier aura donc 5 mètres de ce côté : il en aura juste autant de l'autre, puisqu'on recoupe toutes les galeries ouvertes par autant de galeries transversales, disposées de même façon et de dimensions égales.

Quelquefois, lorsque le gisement est très puissant, mais toujours le minerai de peu de valeur, on fait un second étage de galeries et de piliers, en ayant soin de laisser entre les deux étages un sol suffisant qu'on appelle *estau*, et de placer les piliers supérieurs exactement sur l'axe des inférieurs, de façon qu'il n'y ait point de porte à faux.

Cette méthode, très peu économique, puisque l'abandon des estaux et des piliers dans la mine, fait perdre près de la moitié du gîte, est pourtant la seule qu'on puisse employer dans les immenses mines de sel de la Pologne, dans les exploitations souterraines d'ardoise et de mineral de fer et dans les carrières de plâtre.

Il est vrai que là, les gîtes étant d'une puissance exceptionnelle, on peut atténuer la porte en modifiant la dimension des excavations.

C'est ainsi que les gypses des environs de Paris s'exploitent par galeries de 5 mètres de large sur 10 de haut, séparées par des piliers de 5 mètres de côté.

Exploitation par galeries et piliers.

Dans les mines de fer, on donne aux étages 8 mètres de hauteur et l'on taille les plafonds en voûte, de manière à laisser au sol intermédiaire une épaisseur minime de 3 mètres.

Dans les ardoisières de Fumay, les piliers sont plus épais, 10 mètres de côté, mais les galeries ont 10 mètres de largeur et leur hauteur est celle de la couche, qui dépasse quelquefois 20 mètres.

Dans les mines de sel, on arrive à donner aux excavations des dimensions bien plus considérables, témoin les salles immenses des mines de la Pologne autrichienne.

EXPLOITATION DES OUVRAGES EN TRAVERS

Tous les procédés que nous venons de passer en revue, sauf le dernier qui se commande en certains cas, sont spéciaux à l'exploitation des couches dont la puissance ne dépasse pas 3 mètres et nous n'avons plus à parler que de l'exploitation des couches plus épaisses.

Elle se fait par ouvrages en travers, par éboulements et par remblais, selon l'inclinaison des gîtes et la plus ou moins grande solidité des terrains.

Dans la première méthode, qui convient surtout aux roches résistantes, on abat le minerai par grandes tranches en commençant par le bas du gîte et en remontant vers le haut, lesquelles tranches sont découpées par des galeries qu'on appelle en travers, parce qu'elles sont perpendiculaires à la masse minérale, et qui viennent aboutir toutes sur une galerie d'allongement qui suit toutes les inflexions de la couche.

A mesure qu'une galerie de taille est exploitée on la remplit par des remblais, sur lesquels on s'élève pour attaquer immédiatement au-dessus et de piler ainsi chaque massif, avec peu de frais d'exploitation, car la même galerie d'allongement peut servir à l'extraction de plusieurs tranches horizontales si l'on fait glisser les matières par des puits inclinés, pratiqués à cet effet le long du mur.

Cette méthode permet l'enlèvement complet du minerai, nécessite peu de boisage et donne une exploitation rapide et très sûre, mais elle n'est applicable que si l'on rencontre des déblais en quantité suffisante pour combler les excavations.

Elle reçoit d'ailleurs des modifications qui peuvent varier à l'infini, selon l'inclinaison de la couche et la résistance des terrains, nous citerons seulement deux exemples.

Le premier, pour une couche de 45 degrés d'inclinaison très résistante et en même temps très épaisse, exploitée à Blanzy.

On a d'abord creusé un puits assez éloigné de la couche et partant de ce puits à des hauteurs différentes, on a percé des galeries AB = CD = EF qui atteignant et traversant la couche par les points HIJ, la découpaient ainsi en tranches horizontales de 10 à 15 mètres de hauteur.

Cela fait, on s'est occupé de l'exploitation, en commençant par le prisme dont la base est A C I H et la hauteur A C, que l'on a divisé par tranches perpendiculaires ayant une épaisseur égale à celle des galeries de traverse.

On a tracé un montage de I en H et l'on a attaqué par I le coupage en tranches, se servant des galeries HB et ID pour le roulage.

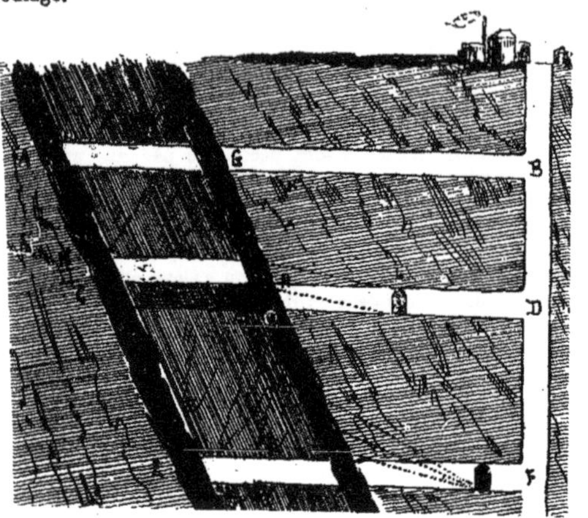

Exploitation par ouvrage en travers. — Procédé de Blanzy.

Le coupage une fois en train, on a laissé glisser les déblais que l'on a entassés sur le mur LM, sur lequel les ouvriers s'établissent pour attaquer le front de taille ON.

De cette façon, lorsque l'on a enlevé du prisme ACIH une tranche verticale de l'épaisseur voulue, elle a été remplacée par des remblais. Attaquant ensuite une tranche contiguë de même épaisseur on est arrivé, de proche en proche, à exploiter complètement le prisme entier dans la direction de la couche.

Après quoi on a laissé reposer le tout pour que les remblais aient acquis assez de solidité par le tassement des terres, pour permettre d'exploiter de la même manière le prisme inférieur CEIJ.

Et ainsi de suite.

Notre second exemple est emprunté à l'exploitation du Creuzot, pour une couche de 10 à 20 mètres de puissance, peu résistante à cause des fissures qu'on y rencontre fréquemment, et d'une inclinaison de 60 à 75 degrés.

Exploitation par ouvrage en travers. — Procédé du Creuzot.

Dans ce cas, le procédé est celui-ci : le puits creusé à une certaine distance de la couche, on établit des galeries transversales destinées au roulage, comme AB CD EF, distantes de 50 mètres l'une de l'autre, ce qui donne des prismes exploitables comme ACHG et CEJH.

On trace en L, à environ 20 mètres du toit, une galerie qui

le suit parallèlement en observant toutes les sinuosités de la couche et de cette galerie ; on divise le massif qu'on attaque par une série de traverses poussées en pleine couche, comme CH, laissant entre elles des piliers de 2 mètres, comme dans le travail par grandes tailles.

Ces tailles sont ensuite remplies de remblais, ce qui permet l'enlèvement des piliers, d'abord réservés, dont on remplit également le vide avec les déblais provenant du tirage, de façon que toute une tranche de 2 mètres de ce massif de 50 mètres se trouve, à un moment donné, remplacée par du remblai qui se comprime peu à peu pour ne plus atteindre que la hauteur de 1m, 20.

Alors la galerie de traverse devient la rampe LM, qui monte sur les remblais et permet, partant du point M, d'entreprendre une nouvelle série de traverses en pleine couche pour enlever la tranche MN de la même façon qu'on a enlevé déjà CH.

Et l'on continue ainsi jusqu'au moment où les galeries, converties progressivement en rampes, deviennent trop rapides pour permettre une exploitation facile.

Auquel cas on descend d'un étage pour exploiter par les mêmes procédés le prisme CEIH.

Et ainsi de suite jusqu'à épuisement de la couche.

EXPLOITATION PAR ÉBOULEMENTS

Par la méthode d'exploitation par éboulements, qui se recommande naturellement dans les roches peu consistantes et pour des gîtes peu inclinés, on ouvre une galerie d'allongement dans le mur du gîte que l'on perce en travers par des galeries solidement boisées, poussées jusqu'au toit, et espacées de 3 mètres en 3 mètres par des piliers provisoires.

Arrivé au toit, on revient en arrière, comme dans le procédé par grandes tailles, en déboisant au fur et à mesure pour provoquer dans chaque galerie des éboulements partiels, d'une hauteur égale à la distance du toit de cette galerie à l'affleurement.

Les matières éboulées, triées et enlevées au fur et à mesure qu'on revient sur ses pas, on perce à 6 mètres plus bas que la première une seconde galerie d'allongement, dans laquelle on ouvre de nouvelles galeries de traverses pour faire ébouler, comme on l'a fait précédemment, les matières exploitables qui se trouvent entre l'étage supérieur et l'étage inférieur; ce qui permet de dépouiller le gîte de haut en bas, aussi complètement que possible.

Cette méthode est fort économique, mais les opérations doivent en être suivies avec le plus grand soin, car il peut arriver souvent que les eaux de la surface envahissent l'intérieur des travaux.

En outre, elle oblige au transport complet des déblais dont le triage ne peut être fait qu'au jour.

Naturellement, elle reçoit des modifications dans la pratique. Ainsi, à Blanzy, pour une couche de 12 mètres d'épaisseur, coupée par deux nappes de schiste qui laissent en haut 4^m,50 et en bas 6 mètres de houille, on dépile les piliers sur une hauteur qui varie de 1 à 3 mètres, en laissant au toit une épaisseur de 1 ou 2 mètres de charbon, que l'on soutient provisoirement avec des boisages.

Quand on revient sur ses pas, on enlève du pilier la partie adhérente au toit, et qu'on appelle le *couronnement*, en pratiquant un havage et en ayant soin de se tenir toujours à 4 mètres en avant de l'attaque du pilier.

Ce couronnement tombe naturellement sitôt l'enlèvement des bois, mais le toit tient encore trois ou quatre jours, et quand l'écrasement se produit, le chantier est suffisamment reporté en arrière pour que les ouvriers, rendus d'ailleurs prudents par les terribles leçons de l'expérience, soient hors de danger.

A Rive-de-Gier, à Sarrebrück, où le toit est moins dur, mais plus tenace et surtout plus élastique, on commence par faire affaisser le terrain, sans secousses, sur des piliers de remblais compressibles, ce qui permet d'exploiter le couronnement, serré alors entre le toit et le mur factice, exactement comme si l'on opérait dans une couche peu puissante.

EXPLOITATION PAR REMBLAIS

La méthode par remblais est celle dont les procédés sont les plus variables en raison des difficultés locales. Car s'il se peut qu'on trouve dans la mine les matériaux nécessaires aux remblais, bien souvent on est obligé de les charroyer de l'extérieur et de les emprunter à des chantiers plus ou moins éloignés; de là de nombreuses modifications, mais le principe est toujours le même.

Il consiste à attaquer le gîte : soit par des ouvrages en travers, soit plus communément par des galeries et piliers, dont on remblaye immédiatement les excavations avec les débris du triage, si les gangues sont suffisantes, soit avec des matériaux amenés du dehors.

Ces remblais doivent être faits à l'état humide et tassés fortement, car ils doivent servir aux ouvriers de plancher, ou, plus exactement de sol, pour abattre l'étage immédiatement supérieur.

La marche naturelle d'une exploitation par cette méthode, qui, comme on le comprend, n'est pratiquée que pour des gîtes peu inclinés, est de bas en haut.

Cependant, comme on n'est pas toujours sûr d'attaquer du premier coup le gisement à sa plus grande profondeur, on facilite préventivement une reprise en sous-œuvre en garnissant le sol qui doit recevoir les premiers remblais d'une espèce de plancher composé de vieux boisages de mines, sur lesquels on pilonne une couche assez épaisse de terre grasse.

Telles sont, sinon avec toutes les modifications apportées par la pratique, au moins au point de vue général, toutes les méthodes connues pour l'exploitation des minerais métallifères et carbonifères.

Reste à parler de leur extraction.

EXTRACTION DES MINERAIS

L'extraction des minerais comprend deux opérations très distinctes : le roulage et le montage.

Le roulage se fait avec des véhicules et des moyens de traction qui varient selon la dimension des galeries, l'outillage général de la mine, et les usages locaux.

Ainsi quelquefois on emploie des wagonnets simples poussés à bras d'hommes sur les rails de la galerie jusqu'auprès des puits, où on les décharge dans les bennes montantes, à Blanzy, à Saint-Étienne, dans tout le bassin de la Loire, ces chariots, qui ont jusqu'à 14 hectolitres de capacité, se vident à l'avant par un panneau mobile sur charnière.

Dans les exploitations de Mons et Charleroi, le roulage de la houille est fait par des femmes qui poussent des berlines fabriquées avec assez de soin.

A Anzin, on emploie le wagon en tôle de M. Cabany dont la caisse évasée permet un bon chargement et rend le transbordement facile.

Benne roulante.

A Liège, on fait mieux encore, car on supprime le transbordement au moyen de berlines, moins perfectionnées, mais qui, munies de crochets à leur partie supérieure, peuvent s'élever au jour exactement comme des bennes.

A Blanzy, la même idée est appliquée d'une autre façon, en charriant le minerai dans des espèces de tonneaux à un seul fond (autant dire des bennes), posés sur des plates formes

Ce système très économique est en train de se généraliser partout au moyen du wagon cylindrique à bascule de M. Decauville, qui est d'ailleurs une véritable benne roulante.

Pour le montage dans les mines où l'on n'a pas encore adopté certains moteurs spéciaux très employés en Angleterre on établit une machine à molettes que l'on fait mouvoir soit par manège à chevaux mais plus fréquemment par la force de la vapeur ou des chutes d'eau.

Une machine à molettes se compose essentiellement :

1° D'une ou plusieurs poulies qu'on appelle molettes, placées au-dessus du puits et sur lesquelles passent les câbles.

2° D'une charpente supportant les molettes et qu'on appelle *chevalet* ou *belle fleur*.

Et 3° Des tambours ou bobines sur lesquels s'enroulent les câbles et qui reçoivent leur mouvement d'une machine à vapeur, ou d'une roue hydraulique.

Si l'on se sert, pour le montage des bennes, de câbles ronds, aussi bien métalliques qu'en chanvre, on emploie un tambour *horizontal* formé de deux cônes tronqués réunis par leur grande base et mobiles sur un axe vertical sur lequel les deux câbles : l'un montant, l'autre descendant, agissent en sens inverse, c'est-à-dire que l'un s'enroule, pendant que l'autre se dévide.

Si au contraire on a adopté les câbles plats, c'est sur des bobines isolées qu'ils doivent s'enrouler ou se dérouler.

Ces bobines se composent d'un noyau en fonte, muni de bras assez longs et dont l'écartement est juste celui de la largeur du câble.

Le câble s'enroule de lui-même entre ces bras de façon que son diamètre d'enroulement augmente à mesure que la charge approche de l'orifice du puits.

Quand on emploie des chaînes, ce qui n'est avantageux que pour des puits peu profonds, leur système d'enroulement est le même que pour les câbles ronds, les plus économiques de tous, car ils ont sur les plats l'avantage de s'user beaucoup moins, par suite de leur mode d'enroulement, et de coûter près de cinquante pour cent moins cher à poids égal.

A la vérité ils ont le défaut de se tordre par l'effort de la traction, mais ce défaut n'existe plus depuis que les bennes ou cages sont guidées, comme nous le verrons tout à l'heure,

Les *bennes* sont des espèces de tonneaux, renflés du milieu, et dont la capacité va depuis 4 hectolitres jusqu'à 22, mais quand ils sont très grands, comme en Belgique, on les appelle des *cuffats*.

A Liège, ce sont des berlines qu'on accrochait jusqu'à huit à la fois, aux câbles de montage.

Mais maintenant qu'on se sert partout, pour l'extraction, de cages qui circulent entre des guides, les noms des récipients se confondent dans celui de leur contenant.

Immense progrès d'ailleurs que ces cages, car lorsque les bennes circulaient librement dans les puits, il y avait souvent des accrochages entre la montante et la descendante, et toujours contre les parois des puits, des chocs qui, si l'on emplissait les bennes, compromettaient la vie des ouvriers d'en bas, malgré leurs chapeaux en fer blanc, malgré les planchers qu'on établissait au dessous des bennes et qui n'empêchaient pas toujours les blocs de minerais de tomber dans le puits, sans compter l'inconvénient désastreux de la rupture des câbles qui est maintenant sans danger, comme nous allons le voir.

On a commencé par établir le guidage des bennes au moyen de quatre câbles tendus verticalement dans la hauteur du puits, entre lesquels les bennes maintenues par des anneaux ou des espèces de crochets, montaient ou descendaient sans perdre leur position verticale et surtout sans se rencontrer au milieu du trajet.

Ce système, qui n'a pas été abandonné dans toutes les exploitations de second ordre, donne déjà beaucoup de sécurité.

Mais on a fait mieux : dans les mines importantes, on a remplacé les câbles par des longrines en chêne, et les bennes par des cages, qui sont guidées le long de ces longrines par des coulisses ou des patins en fonte ou en fer.

Ces cages, en bois ou en fonte, ont été bientôt perfectionnées, et dans les mines où la traction du câble est faite par un moteur puissant, on en a construit à deux, trois et quatre étages, disposés pour recevoir autant de wagons tels qu'ils sortent des galeries de roulage.

A cet effet, on a organisé aux deux extrémités du guidage aussi bien pour le chargement que le déchargement des cages, un système d'endiguement qu'on appelle *clichage*, permettant d'arrêter la cage au niveau de chacun de ses étages, et qui se compose de quatre taquets ou verrous, que la cage soulève pour se poser dessus, au fur et à mesure qu'ils retombent pour se placer en consoles.

Ces taquets sont relevés ensuite : en haut, par le receveur, en bas par l'accrocheur.

Car on appelle toujours *accrochage*, bien que le mot ne soit plus propre, l'action de charger la cage au font du puits.

Du reste, on nomme plus communément : recette des cages, l'opération qui consiste à faire sortir les wagons pleins, pour les remplacer par des vides, à l'orifice du puits, et qui se reproduit en sens inverse, au niveau de la galerie de roulage.

Le système des cages guidées n'a pas seulement l'avantage de monter vite et beaucoup de minerais sans faire courir de risques aux accrocheurs, il prévient les accidents dus à la rupture des câbles au moyen d'un appareil placé au-dessus de la cage et qui, ayant pour objet de l'arrêter dans sa chute au fond du puits, quand le câble vient à casser, s'appelle parachute. Cet appareil, que l'architecte Claude Perrault connaissait, dit-on, n'a pourtant été employé pour la première fois qu'en 1845, par l'ingenieur Machicourt, dans les mines de Decize.

Le plus usité est celui de M. Fontaine, dont notre dessin ci-contre explique le fonctionnement.

Il se compose de deux grappins ou griffes d'acier A, B qui, au moment même où le câble se brise, s'enfoncent dans les longrines comme dans C, D, et cela par l'effet du ressort E qui, comprimé par la tension du câble, se détend immédiatement sitôt qu'il n'est plus soutenu.

Les griffes, entrant profondément dans le bois des longrines, la cage s'arrête, et, l'expérience l'a démontré, avant même qu'un commencement de descente s'opère, et sans qu'aucune secousse se produise.

Ainsi complété, ce système de montage paraît irréprochable, et il l'est en effet tant qu'on n'atteint pas des profondeurs telles que le poids toujours croissant, au fur et à mesure que l'on descend, des câbles conducteurs, empêche toute exploitation.

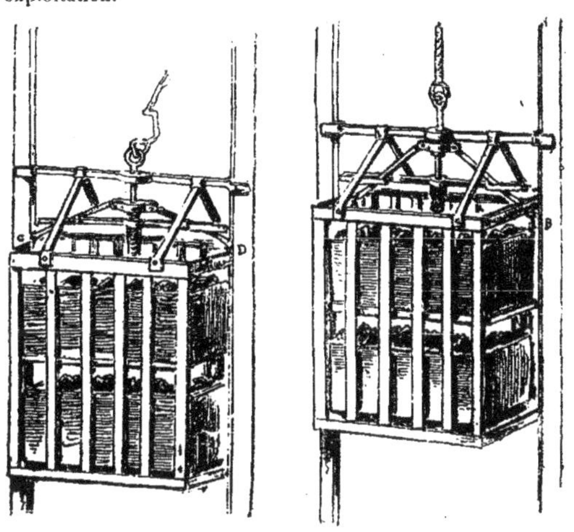

Mais pour ce cas, la science qui ne se repose jamais a déjà trouvé autre chose, et le tube atmosphérique de M. Zulma Blanchet est évidemment le système de l'avenir.

Oh ! il fonctionne déjà, dans le puits Hottinguer à Épinac où il a été expérimenté en 1876, et probablement ailleurs maintenant, vu le réel succès qu'il a obtenu à l'exposition de 1878.

Succès qui s'explique d'autant mieux qu'il a été compris tout de suite, le système n'ayant rien d'absolument neuf, puisque, sauf sa disposition dans le sens vertical, et son application spéciale, c'est exactement le tube pneumatique dans lequel on transporte les cartes-télégrammes à Paris, et même des voyageurs à Londres et à New-York.

Seulement il fallait y penser, c'est toujours l'œuf de Christophe Colomb. Eh bien! M. Blanchet y a pensé et, comme il dirigeait les mines d'Épinac, il a pu appliquer son idée, sans avoir à se heurter contre les préjugés de la routine.

L'appareil se compose d'un cylindre métallique, suspendu librement dans le puits de la mine, dans lequel joue à frottement un piston complexe, qu'on appelle *train*, précisément parce qu'il contient intérieurement la cage à neuf compartiments destinée à recevoir les chariots porteurs du minerai.

Ce train a trois parties distinctes :

1° La partie supérieure formée de deux plateaux ou pistons minces, partie en bois, partie en acier mais aussi légers que possible, qui laissent une certaine distance entre eux et qui, destinés à jouer à frottement dans le tube, sont rendus souples et étanches sur leur pourtour, par une garniture de cuir derrière laquelle 48 segments de bois ou de fer creux sont pressés par 96 ressorts en fil de laiton.

2° La cage contenant les chariots d'extraction dans neuf compartiments *ad hoc;* elle est construite en acier pour être plus légère et attachée au piston supérieur par une tige à suspension, autour de laquelle on peut la faire tourner à la main pour l'amener en position convenable; soit pour le chargement ou le déchargement, devant les portes pratiquées dans le tube pour le passage des chariots.

3° Et la partie inférieure, composée d'un piston mince, de même construction que les pistons supérieurs, mais ayant en plus une soupape que l'on tient ouverte, lorsque le train transporte des voyageurs.

On comprend maintenant que le train monte ou descende dans le cylindre selon que la machine placée à l'orifice raréfie l'air par-dessus ou le laisse entrer, et que l'on puisse régler mathématiquement sa vitesse par les quantités d'air ôtées ou admises à la partie supérieure du piston.

La première machine installée au puits Hottinguer, n'enlevait qu'un mètre cube d'air par seconde, ce qui n'imprimait au train qu'une vitesse de cinquante centimètres par seconde; elle a fonctionné pendant deux ans, enlevant de 600 mètres de profondeur des trains pesant 6,000 kilogrammes.

Mais depuis on en a construit qui font douze mètres cubes de vide à la seconde et donnent une vitesse de 6 mètres à chaque coup. Et le dernier mot n'est pas dit.

Le progrès, d'ailleurs, est déjà très appréciable puisque, avec le système pneumatique, on peut extraire le minerai des profondeurs les plus grandes, et c'est ainsi qu'à Épinac on exploite maintenant, entre 600 et 1,000 mètres, une richesse houillère qu'on estime à 400 millions d'hectolitres, dont la plupart eut été perdue avec les procédés ordinaires.

L. Huard.

TABLE DES MATIÈRES

	Pages.
Exploitation par gradins droits	4
— par gradins renversés	6
— par dépilage	9
— par gradins couchés	11
— par grandes tailles	13
— par massifs longs	14
— par massifs courts	15
— par galeries et piliers	16
— des ouvrages en travers	18
— par éboulements	21
— par remblais	23
Extraction des minerais	23

Sceaux. — Imp. Charaire et Cie

www.ingramcontent.com/pod-product-compliance
Ingram Content Group UK Ltd.
Pitfield, Milton Keynes, MK11 3LW, UK
UKHW021035200726
13857UKWH00004B/1729

9 782012 784628